BEI GRIN MACHT SICH IHR WISSEN BEZAHLT

- Wir veröffentlichen Ihre Hausarbeit,
  Bachelor- und Masterarbeit

- Ihr eigenes eBook und Buch -
  weltweit in allen wichtigen Shops

- Verdienen Sie an jedem Verkauf

Jetzt bei www.GRIN.com hochladen und kostenlos publizieren

Bibliografische Information der Deutschen Nationalbibliothek:

Die Deutsche Bibliothek verzeichnet diese Publikation in der Deutschen National-bibliografie; detaillierte bibliografische Daten sind im Internet über http://dnb.d-nb.de/ abrufbar.

Impressum:

Copyright © 2013 GRIN Verlag, Open Publishing GmbH
Druck und Bindung: Books on Demand GmbH, Norderstedt Germany
ISBN: 9783668557956

Dieses Buch bei GRIN:

http://www.grin.com/de/e-book/377839/loesen-linearer-gleichungssysteme-mithilfe-von-matrizen-und-determinanten

Hannes Kroke

Aus der Reihe: e-fellows.net stipendiaten-wissen

e-fellows.net (Hrsg.)

Band 2600

Lösen linearer Gleichungssysteme mithilfe von Matrizen und Determinanten

GRIN Verlag

GRIN - Your knowledge has value

Der GRIN Verlag publiziert seit 1998 wissenschaftliche Arbeiten von Studenten, Hochschullehrern und anderen Akademikern als eBook und gedrucktes Buch. Die Verlagswebsite www.grin.com ist die ideale Plattform zur Veröffentlichung von Hausarbeiten, Abschlussarbeiten, wissenschaftlichen Aufsätzen, Dissertationen und Fachbüchern.

Besuchen Sie uns im Internet:

http://www.grin.com/

http://www.facebook.com/grincom

http://www.twitter.com/grin_com

Kopernikus Gymnasium Blankenfelde

Facharbeit im Fach Mathematik

Schuljahr 2013/14

Lösen linearer Gleichungssysteme mit Hilfe von Matrizen und Determinanten

Sind Matrizen und Determinanten hilfreich bei der Lösung linearer Gleichungssysteme?

Verfasser:

Hannes Kroke

Abgabetermin: 15.11.2013

Gliederung

1. Einleitung

Meine Facharbeit beschäftigt sich mit den Themen Lineare Gleichungssysteme, Matrizen und Determinanten. Ich habe mich für dieses Thema entschieden, da mir Gleichungssysteme Spaß machen. Allerdings bin ich gegenüber den Matrizen und Determinanten ein wenig skeptisch, da das auch eine sehr umfangreiche und komplizierte Thematik ist. Der Schwerpunkt dieser Facharbeit wird sein, wie man mit Matrizen und Determinanten Gleichungssysteme lösen kann und ob das überhaupt sinnvoll ist. Ich glaube, dass man sich leichter verrechnen kann und man mehr Zeit für die Lösung benötigt. Ein Ziel dieser Arbeit ist es, dies zu überprüfen.

Ich werde nicht über Determinanten für dreireihige Matrizen hinausgehen, da das Thema Determinanten nicht den Schwerpunkt dieser Arbeit bildet. Ebenso werde ich mich nur mit den wesentlichsten Teilen der Matrizen beschäftigen, da ein tieferes Eindringen in dieses Thema nicht erforderlich ist.

Carl Friedrich Gauß ist ein Mathematiker, mit dem ich mich auch beschäftigen werde. Diese Anekdote, die auf die Erzählungen von Wolfgang Sartorius von Waltershausen[1] zurückgeht, beschreibt das frühe mathematische Talent von Carl Friedrich Gauß:

Als Gauß sieben Jahre alt gewesen ist, sei er in die Volksschule gekommen. Der Lehrer habe ihm dort eine Aufgabe zur längeren Beschäftigung gestellt. Er solle die Zahlen von 1 bis 100 addieren.

Doch Gauß sei sehr schnell fertig gewesen. Er habe die Aufgabe so gelöst, indem er 50 Paare mit der Summe 101 gebildet hat (1+100; 2+99; 3+98;...;50+51). Damit komme er auf das Ergebnis 5050. Mit den Worten „Ligget se" (Braunschweiger Plattdeutsch: „Hier liegt sie") habe er die Antwort auf den Tisch des Lehrers gelegt.[2]

Diese Methode ist durchaus simpel und unkompliziert und es ist bewundernswert, dass Gauß in diesem Alter schon solche Leistungen vollbringen konnte.

---

[1]Von Waltershausen, Wolfgang Sartorius. Seite 12. 1856.
[2]http://de.wikipedia.org/wiki/Carl_Friedrich_Gauß#Eltern.2C_Kindheit_und_Jugend

2. Erklärung der Begriffe

2.1 Lineares Gleichungssystem

2.1.1 Definition

Ein lineares Gleichungssystem bezeichnet die Zusammenstellung mehrerer linearer Gleichungen, die alle gleichzeitig erfüllt werden sollen.

Eine lineare Gleichung hat die Form $a_1 x_1 + a_2 x_2 + \dots + a_n x_n = c$. Dabei sind a_1 ; a_2 ; $\dots$; a_n die Koeffizienten und x_1 ; x_2 ; $\dots$; x_n die Variablen. n ist die Anzahl der Variablen und c bezeichnet man als absolutes Glied.

Ein lineares Gleichungssystem hat die Form

$$a_{11} x_1 + a_{12} x_2 + a_{13} x_3 + \dots + a_{1n} x_n = c_1$$
$$a_{21} x_1 + a_{22} x_2 + a_{23} x_3 + \dots + a_{2n} x_n = c_2$$
$$\vdots$$
$$a_{m1} x_1 + a_{m2} x_2 + a_{m3} x_3 + \dots + a_{mn} x_n = c_m$$

Dabei gibt m die Anzahl der Gleichungen an während n die Anzahl der Variablen angibt. Der erste Index eines Koeffizienten gibt an, zu welcher Gleichung er gehört und der zweite zu welcher Variable. Zum Beispiel gehört der Koeffizient a_{74} zur siebten Gleichung und zur vierten Variable. Wird dagegen ein bestimmter Koeffizient gemeint, dessen Position aber noch unbekannt ist, heißt dieser a_{ij}.

Die Lösung eines linearen Gleichungssystems besteht aus n Zahlen, die in einer festen Reihenfolge angeordnet sind. Wenn man diese Zahlen für die entsprechenden x_n einsetzt, erfüllen sie alle Gleichungen des Gleichungssystems. Diese n geordneten Zahlen bezeichnet man auch als n-Tupel.

2.1.2 Die drei Lösungsverfahren linearer Gleichungssysteme

Die drei Lösungsverfahren sind das Gleichsetzungsverfahren, das Einsetzungsverfahren und das Additionsverfahren. Diese drei Verfahren werden am häufigsten bei der Lösung zweigliedriger Gleichungssysteme genutzt. Mit zweigliedrig wird gemeint, dass im Gleichungssystem zwei verschiedene Variablen vorkommen und es zwei Gleichungen hat.

Das **Gleichsetzungsverfahren** beruht auf der Umformung des Gleichungssystems mit folgendem Ziel: Es soll bei beiden linearen Gleichungen die gleiche Variable auf einer Seite der jeweiligen Gleichung allein steht. Da diese beiden Variablen ja gleich sind, kann man die anderen beiden Teile der beiden Gleichungen dann also gleichsetzen. Die erhaltene Gleichung wird nach der in dieser Gleichung existierenden Variablen umgestellt. Dieser Wert wird dann in eine der beiden Anfangsgleichungen eingesetzt und damit die andere Variable ausgerechnet.

$$\begin{array}{lll} \text{I} & y+2 = x & |\ -2 \\ \underline{\text{II}} & \underline{y = 5x\text{-}20} & \\ \text{I} & y = x\text{-}2 & \\ \underline{\text{II}} & \underline{y = 5x\text{-}20} & \\ & y = y & \\ & x\text{-}2 = 5x\text{-}20 & \end{array}$$

Beim **Einsetzungsverfahren** wird eine Gleichung nach einer beliebigen Variablen umgestellt und dann der Wert dieser Variablein die andere Gleichung eingesetzt. Die danach folgenden Schritte wurden schon in der Beschreibung des Gleichsetzungsverfahrens erklärt.

$$\begin{array}{ll} \text{I} & y+2 = x \\ \underline{\text{II}} & \underline{y = 5x\text{-}20} \\ \text{II in I} & 5x+20+2 = x \end{array}$$

Beim **Additionsverfahren** wird die die eine Gleichung zu der anderen addiert beziehungsweise subtrahiert. Vorher müssen die beiden Gleichungen so umgestellt werden, dass der Wert des Koeffizienten einer Variable die Gegenzahl des Wertes des Koeffizienten der selben Variable in der zweiten Gleichung ist. Zum Beispiel ist die Gegenzahl von 4 -4 und von -10 10. Durch Addition der Gleichungen fällt dann eine Variable weg. Man kann die Gleichungen auch voneinander subtrahieren, in diesem Fall müssen dann aber beide

$$\begin{array}{lll} \text{I} & y+2 = x & |\ -2 \\ \underline{\text{II}} & \underline{y = 5x\text{-}20} & \\ \text{I} & y = \ x\ \text{-}2 & \\ \underline{\text{II}} & \underline{y = 5x\text{-}20} & \\ \text{I - II} & 0 = \text{-}4x+18 & \end{array}$$

Koeffizienten gleich sein. Eine weitere Voraussetzung ist, dass Gleichheitszeichen unter Gleichheitszeichen, Variable 1 unter Variable 1 und Variable 2 unter Variable 2 stehen muss. Nachdem man diese Variable ausgerechnet hat, wird, wie auch in den anderen Verfahren erklärt, auf diese Art und Weise die andere Variable ausgerechnet.

2.1.3 Der Gauß-Algorithmus

Die Anwendung des Gauß-Algorithmus ist am sinnvollsten, wenn man ein Gleichungssystem mit mehr als drei Variablen lösen möchte. Nach Gauß muss das Gleichungssystem mithilfe zweier verschiedener Rechenoperationen umgeformt werden, sonst verfälscht sich das Ergebnis.
1. Vertauschen zweier Gleichungen des Systems
2. Addieren/Subtrahieren einer Gleichung oder eines Vielfachen dieser Gleichung zu/von einer anderen Gleichung.

Diese Rechenoperationen werden als minimalinvasiv bezeichnet. Das heißt, dass sie die Lösung/en des linearen Gleichungssystems und den Wert der Determinante ($\rightarrow$ 2.3) nicht verändern.

Das Ziel der Kombination dieser Umformungen ist es, das Gleichungssystem in Dreiecksform zu bringen. Bei der Dreiecksform sind alle Elemente oberhalb/unterhalb der Hauptdiagonale, welche von links oben nach rechts unten verläuft, gleich null. Danach wird in der Gleichung, in der nur noch eine Variable übriggeblieben ist, diese Variable ausgerechnet. Jetzt dürfen auch andere Rechenoperationen als diese beiden durchgeführt werden. Der Wert dieser Variable wird dann in die zweite Gleichung eingesetzt und die nächste Variable berechnet. Diese beiden Variablen werden dann in die Nächste eingesetzt und so weiter, bis man alle Variablen ausgerechnet hat.

Beispiel:

I $2x +3y+4z =20$
II $4x+ 3y+ 2z =16$ $| - 2\,I$
III $2x+ 4y+ 2z =19$ $| - I$

I $2x+ 3y+4z =20$
II $-3y-6z =-24$ $| + 3\,III$
III $y- z= 1$

I $2x+ 3y+4z =20$
III $-0,5y - z = -4$
II $-7z =-27$

II $-7z = -27$ $| :(-7)$
         $\underline{z = \ 3}$

III $-0,5y-1*3 = 29$ $|+3$
      $-0,5y = -1$ $| *(-2)$
       $\underline{y = \ 2}$

I $2x+3*2 +4*3= 20$
   $2x+18 = 20$ $|-18$
     $2x = 2$ $| : 2$
      $\underline{x = 1}$

$L= \{ \ (1;\, 2\,;\, 3) \ \}$

2.1.4 Homogene und inhomogene Gleichungssysteme

Ein Gleichungssystem heißt homogen wenn alle Absolutglieder $c_m =0$ sind. Sobald mindestens eins dieser Absolutglieder $c_m \neq 0$ ist, heißt das Gleichungssystem inhomogen. Jedes homogenes Gleichungssystem hat mindestens eine Lösung, und zwar alle $x_n=0$. Das nennt man auch die triviale Lösung des Gleichungssystems. In seltenen Fällen gibt es keine weiteren Lösungen. Das ist aber nur möglich, wenn die Determinante ($\rightarrow$ 2.3) des homogenen Gleichungssystems ungleich null ist. Ansonsten gibt es immer mindestens eine nichttriviale Lösung.

2.2 Matrix

2.2.1 Definition

Eine Matrix (Pl.: Matrizen) ist eine aus m Zeilen und n Spalten bestehende rechteckige Anordnung von Elementen. Sie werden unter anderem zur Lösung und Darstellung linearer Gleichungssysteme verwendet. Die Elemente einer Koeffizientenmatrix sind die Koeffizienten der Variablen des linearen Gleichungssystems. Diese Anordnung wird von einer großen Klammer umschlossen. Die Matrix wird mit einem Großbuchstaben, meist fett und kursiv geschrieben, bezeichnet, um sie von anderen Zahlengrößen zu unterscheiden. In dieser Arbeit wird ausschließlich mit reellen Matrizen gearbeitet. Das heißt, dass alle Elemente der Matrizen Elemente der reellen Zahlen sind.

Die Indexbezeichnung entspricht der der linearen Gleichungssysteme. Die allgemeine Form einer Matrix sieht so aus:

$$A = \begin{pmatrix} a_{11} & a_{12} & \cdots & a_{1n} \\ a_{21} & a_{22} & \cdots & a_{2n} \\ \vdots & \vdots & \ddots & \vdots \\ a_{m1} & a_{m2} & \cdots & a_{mn} \end{pmatrix}$$

2.2.2 Arten von Matrizen

Es gibt viele verschiedene, spezielle Arten von Matrizen. Die wichtigsten davon werden hier aufgelistet und kurz erklärt:

1. Die Zeilen- Spalten- und die quadratische Matrix
Eine Zeilenmatrix hat nur eine Zeile und n Spalten. Eine Spaltenmatrix im Gegensatz dazu hat eine Spalte und m Zeilen. Das könnte zum Beispiel so aussehen:

$$A_Z = (\ 8 \ \ 5 \ \ 3 \ \ -2 \ )$$

$$A_S = \begin{pmatrix} 2 \\ 0 \\ -1 \end{pmatrix}$$

Bei einer quadratischen Matrix ist die Zeilenanzahl gleich der Spaltenanzahl. Es gilt: m=n.

2. Obere und untere Dreiecksmatrix $\begin{pmatrix} 3 & 7 & 4 \\ 0 & 4 & 3 \\ 0 & 0 & 6 \end{pmatrix}$

Eine Matrix heißt obere/untere Dreiecksmatrix, wenn alle Elemente unterhalb/oberhalb der Hauptdiagonale gleich null sind.

3. Diagonalmatrix $\begin{pmatrix} 5 & 0 & 0 \\ 0 & 2 & 0 \\ 0 & 0 & 7 \end{pmatrix}$

Sind alle Elemente außerhalb der Hauptdiagonale gleich null, spricht man von einer Diagonalmatrix. Sie ist durch den Buchstaben D gekennzeichnet.

4. Die Einheitsmatrix $\begin{pmatrix} 1 & 0 & 0 \\ 0 & 1 & 0 \\ 0 & 0 & 1 \end{pmatrix}$

Sie ist eine spezielle Form der Diagonalmatrix. Alle Elemente außerhalb der Hauptdiagonale sind null, alle Elemente auf der Hauptdiagonale sind 1. Die Einheitsmatrix wird meist mit dem Buchstaben E geschrieben. Selten ist sie durch ein I gekennzeichnet.

5. Die Nullmatrix $\begin{pmatrix} 0 & 0 & 0 \\ 0 & 0 & 0 \\ 0 & 0 & 0 \end{pmatrix}$

Alle Elemente der Nullmatrix sind 0. Sie ist durch die Zahl 0 gekennzeichnet.

6. Reguläre, singuläre, symmetrische und schiefsymmetrische Matrizen

Eine Matrix ist symmetrisch, wenn gilt: $a_{ij} = a_{ji}$. Wenn man also eine symmetrische Matrix an der Hauptdiagonale spiegeln würde, würde man die gleiche Matrix erhalten. Im Gegensatz dazu heißt eine Matrix schiefsymmetrisch, wenn gilt: $a_{ij} = - a_{ji}$. Alle Elemente auf der Hauptdiagonale einer (schief-)symmetrischen Matrix müssen null sein! $\begin{pmatrix} 0 & 3 & 5 \\ 3 & 0 & 8 \\ 5 & 8 & 0 \end{pmatrix}$ $\begin{pmatrix} 0 & -3 & -5 \\ 3 & 0 & -8 \\ 5 & 8 & 0 \end{pmatrix}$

Eine Matrix ist regulär, wenn ihre Determinante ($\rightarrow$ 2.3) $\det A \neq 0$ ist. Reguläre Matrizen sind invertierbar . Dagegen ist eine Matrix singulär, wenn ihre Determinante $\det A = 0$ ist.

7. Die erweiterte Koeffizientenmatrix

Die erweiterte Koeffizientenmatrix sieht so aus wie die Koeffizientenmatrix, nur dass die rechte Klammer durch einen senkrechten Strich ersetzt wird und rechts davon die Absolutglieder stehen, so wie sie im Gleichungssystem angeordnet sind. Dann erst folgt die Klammer ganz rechts.

$$\begin{pmatrix} 1 & -5 & 6 & 3 \\ -2 & 3 & 3 & 9 \\ -8 & -7 & -2 & 1 \end{pmatrix}$$

2.2.3 Rechenoperationen mit Matrizen

1. Addition

Die Addition von Matrizen ist nur definiert, wenn alle Summanden die gleiche Anzahl an Spalten und die gleiche Anzahl an Zeilen haben. Es muss gelten: $m_1 = m_2 = \ldots = m_s$ und $n_1 = n_2 = \ldots = n_s$, wobei S die Anzahl der Summanden angibt. Bei der Addition wird jedes Element der Matrix zum zugehörigen Element der zweiten Matrix addiert und so weiter. Es gilt also: $(a_{ij}) + (b_{ij}) = (a_{ij} + b_{ij}) = (c_{ij})$.

Für die Addition gelten das Kommutativgesetz und das Assoziativgesetz. Wie schon erwähnt, ist die Nullmatrix das neutrale Element der Addition: $A + 0 = A$. Das inverse Element (nicht verwechseln mit der inversen Matrix A^{-1} !) der Matrix A ist $-A$: $A - A = 0$. Das bedeutet, dass bei jedem Element der Matrix A das Vorzeichen umgekehrt wird, um die Matrix $-A$ zu erhalten. Die Subtraktion zweier Matrizen ist also die Addition mit dem inversen Element der zweiten Matrix: $A - B = A + (-B)$.

2. Multiplikation

Die Multiplikation ist schon etwas komplizierter. Die Multiplikation zweier Matrizen ist nur definiert, wenn die Spaltenanzahl der ersten Matrix mit der Zeilenanzahl der zweiten Matrix übereinstimmt. Das heißt: $A_{ij} * B_{jk} = C_{ik}$. Am Besten kann es an einem Beispiel erklärt werden:

Diese beiden Matrizen sollen multipliziert werden.

$$\begin{pmatrix} 5 & 6 \\ 6 & 3 \\ 0 & 1 \end{pmatrix} * \begin{pmatrix} -2 & 5 \\ 5 & 8 \end{pmatrix} = A$$

Nebenrechnung:

Jede Zeile der ersten Matrix soll mit jeder Spalte der zweiten Matrix multipliziert werden.

$(5 \; 6) * \begin{pmatrix} -2 \\ 5 \end{pmatrix} = (5*(-2)) + (6*5) = 20$ $(5 \; 6) * \begin{pmatrix} 5 \\ 8 \end{pmatrix} = (5*5) + (6*8) = 73$
1. Zeile mal 1. Spalte   1. Zeile mal 2. Spalte

$(6 \; 3) * \begin{pmatrix} -2 \\ 5 \end{pmatrix} = (6*(-2)) + (3*5) = 3$ $(6 \; 3) * \begin{pmatrix} 5 \\ 8 \end{pmatrix} = (6*5) + (3*8) = 54$
2. Zeile mal 1. Spalte   2. Zeile mal 2. Spalte

$(0 \; 1) * \begin{pmatrix} -2 \\ 5 \end{pmatrix} = (0*(-2)) + (1*5) = 5$ $(0 \; 1) * \begin{pmatrix} 5 \\ 8 \end{pmatrix} = (0*5) + (1*8) = 8$
3. Zeile mal 1. Spalte   3. Zeile mal 2. Spalte

Diese beiden Zahlen, also welche Zeile mit welcher Spalte multipliziert wurde, geben die Position des Ergebnisses an.

Die Lösung dieser Rechnung ist also die Matrix $A \begin{pmatrix} 20 & 73 \\ 3 & 54 \\ 5 & 8 \end{pmatrix}$.

Wenn zwei von null verschiedene Matrizen miteinander multipliziert werden und dabei eine Nullmatrix entsteht, nennt man diese beiden Matrizen Nullteiler.

Für die Multiplikation gilt das Assoziativgesetz und das Distributivgesetz ($A*(B+C)$ = $AB+AC$ und $(B+C)*A = BA+CA$), jedoch nicht das Kommutativgesetz. In den meisten Fällen gilt: $A*B \neq B*A$. Das neutrale Element der Multiplikation ist die Einheitsmatrix E: $A*E = E*A = A$. Das inverse Element der Multiplikation ist die inverse Matrix A^{-1}: $A*A^{-1}$ $= A^{-1}*A = E$.

2.3 Determinante

2.3.1 Definition

Der Wert einer Determinante ist eine reele Zahl, die einer Matrix zugeordnet wird. Diese kann auf verschiedene Art und Weisen bestimmt werden. Die Darstellung der Determinante entspricht der Darstellung ihrer zugehörigen Matrix, nur statt der Klammern senkrechte Striche an der linken und rechten Seite. Das sieht so aus:

$$\det A \begin{vmatrix} a_{11} & a_{12} \\ a_{21} & a_{22} \end{vmatrix} = x$$, wobei x für die Determinante steht. Die Determinante ist nur für quadratische Matrizen definiert.

<u>Eigenschaften von Determinanten</u>

1. Die Determinante kann positiv, negativ oder null sein.

2. Durch das Vertauschen zweier beliebiger Zeilen/Spalten der Determinante ändert die Determinante nur ihr Vorzeichen.

3. Die Determinante verändert sich nicht durch das Anwenden von Gauß-Operationen.

4. Es gilt $\det(A*B) = \det A * \det B$

$$\det(A^{-1}) = (\det A)^{-1} = 1/\det A$$

5. $\det A = 0$, - wenn zwei Spalten/Zeilen die gleichen Werte haben

- wenn eine Spalte/Zeile nur aus Nullen besteht.

2.3.2 Berechnung von Determinanten

1. Zweireihige Determinanten

Die Determinante einer zweireihigen Matrix berechnet man folgendermaßen: $a_{11}*a_{22} - a_{12}*a_{21}$. Man zieht also vom Produkt der Hauptdiagonalelemente das Produkt der Nebendiagonalelemente ab. Die Nebendiagonale verläuft von rechts oben nach links unten.

2. Die Sarrus'sche Regel

Die Sarrus'sche Regel kann nur bei Determinanten für dreireihige Matrizen angewendet werden. Sie funktioniert so: Man schreibt rechts neben die Darstellung der Determinante ihre beiden ersten Spalten noch einmal. Dann multipliziert man die Elemente aller drei

Hauptdiagonalen (rot) und jeder Nebendiagonale (blau). Die Produkte der Nebendiagonalelemente zieht man anschließend von den Produkten der Hauptdiagonalelemente ab, wie in diesem Schema verdeutlicht wird:

$$\begin{vmatrix} a_{11} & a_{12} & a_{13} \\ a_{21} & a_{22} & a_{23} \\ a_{31} & a_{32} & a_{33} \end{vmatrix} \begin{matrix} a_{11} & a_{12} \\ a_{21} & a_{22} \\ a_{31} & a_{32} \end{matrix}$$

3. Der Laplace'sche Entwicklungssatz

Um Determinanten für mehr als dreireihige Matrizen auszurechnen, muss man den Laplace'schen Entwicklungssatz anwenden. Pierre-Simon Laplace, ein französischer Mathematiker, Physiker und Astronom entdeckte die Erzeugung von Unterdeterminanten. Die Methode beruht darauf, die Determinante nach einer bestimmten Reihe oder Spalte zu entwickeln. Das erkläre ich an einem Beispiel: Es soll der Wert dieser vierreihigen Determinante ermittelt werden. Ich entwickle sie nach der dritten Zeile. Das spart wegen der hohen Anzahl an Nullen Rechenaufwand. Zuerst nehme ich die fünf.

$$\begin{vmatrix} 1 & 0 & 1 & -1 \\ 2 & 3 & -2 & 1 \\ 5 & 0 & 0 & 2 \\ 1 & -3 & 0 & 2 \end{vmatrix}$$

Dazu werden alle Elemente aus der Reihe der Fünf, also aus der Dritten und aus der Spalte der Fünf, also aus der Ersten gestrichen. Die nichtgestrichenen Elemente werden nun zu einer dreireihigen Determinante zusammengefasst: Der Wert dieser Determinante muss aber noch mit der Fünf und $(-1)^{\text{Zeile+Spalte der Zahl}}$ multipliziert werden.

$$5*(-1)^{3+1} * \begin{vmatrix} 0 & 1 & -1 \\ 3 & -2 & 1 \\ -3 & 0 & 2 \end{vmatrix}$$

So verfährt man dann mit den restlichen drei Elementen der Zeile. Für die Nullen braucht man erst gar nichts aufzuschreiben, da der Wert der Determinante dann sowieso mit 0 multipliziert wird. Für die Zwei sieht das dann so aus:

$$2*(-1)^{3+4} * \begin{vmatrix} 1 & 0 & 1 \\ 2 & 3 & -2 \\ 1 & -3 & 0 \end{vmatrix}$$

Dann berechnet man mithilfe der Sarrusschen Regel den Wert der dreireihigen Determinanten und rechnet dann den Wert aus. Die so erhaltenen Werte werden addiert: 5*(-10) + (-2)*(-3) = - 44

Der Wert der Determinante dieser Matrix ist also -44.

2.4 Die Cramersche Regel

Die Cramer'sche Regel wurde von Gabriel Cramer entwickelt. Mithilfe dieser Regel kann man Gleichungssysteme sehr schnell lösen.

Ich zeige sie an einem Beispiel:

Ich möchte die Lösung für dieses Gleichungssystem bestimmen.

$2x + 3y - z = -3$

$3x + 5y - 4z = -10 \quad A = \left(\begin{array}{ccc|c} 2 & 3 & -1 & -3 \\ 3 & 5 & -4 & -10 \\ -1 & 1 & 1 & 0 \end{array} \right) \qquad \det A = \begin{vmatrix} 2 & 3 & -1 \\ 3 & 5 & -4 \\ -1 & 1 & 1 \end{vmatrix}$

$- x + y + z = 0$

Dazu wird es zuerst in die erweiterte Koeffizientenmatrix und dann in die Determinante umgewandelt. Anschließend wird die Determinante berechnet: $\det A = 13$

Dann ersetzt man nacheinander erst die erste, dann die zweite und schließlich die dritte Spalte durch die Spalte der Absolutglieder und berechnet davon einzeln die Determinanten. In den Index für die Bezeichnung der Determinante setze ich die Variable, dessen Spalte ausgetauscht wurde. Das sieht so aus:

$$\det A_x = \begin{vmatrix} -3 & 3 & 1 \\ -10 & 5 & -4 \\ 0 & 1 & 1 \end{vmatrix} = 13 \qquad \det A_y = \begin{vmatrix} 2 & -3 & -1 \\ 3 & -10 & -4 \\ -1 & 0 & 1 \end{vmatrix} = -13$$

$$\det A_z = \begin{vmatrix} 2 & 3 & -3 \\ 3 & 5 & -10 \\ -1 & 1 & 0 \end{vmatrix} = 26$$

Die Cramer'sche Regel besagt folgendes: Wenn man die Determinante der Koeffizientenmatrix mit $\det A$ und die Determinanten der Koeffizientenmatrizen, die entstehen, wenn man die i-te Spalte durch die Spalte der Absolutglieder ersetzt, mit $\det A_i$ bezeichnet, dann gilt folgender Satz: $x_i = \det A_i / \det A$

Diesen Satz wende ich jetzt auf die Determinanten an: $x = \det A_x / \det A = 13/13 = 1$

$y = \det A_y / \det A = -13/13 = -1$ $z = \det A_z / \det A = 26/13 = 2$

$L = \{(1 ; -1 ; 2)\}$

3. Anwendung von Matrizen und Determinanten

Matrizen werden hauptsächlich in den Bereichen Mechanik, Elektrotechnik und Ökonomie angewendet. In der Elektrotechnik kann man mit Matrizen Zusammenhänge von Strömen und Spannungen in einem Stromkreis darstellen und sie berechnen. Allerdings sind Matrizen nur bei linearen Zusammenhängen anwendbar. Für die Ökonomie ist die übersichtliche Darstellung von Planungs-, Lenkungs- und Leitungsprozessen mithilfe von Matrizen sinnvoll. Außerdem kann man Arbeitslöhne ermitteln, den Preis des Produkts, die Anzahl der benötigten Arbeiter, den Umsatz und vieles mehr. Das wird durch die weiteren Faktoren komplizierter gemacht: die Arbeitszeit, Überstunden, verschiedene Lohnklassen, Preis des Produkts, wie oft das Produkt verkauft wird und so weiter. Determinanten finden etwas seltener Anwendung, allerdings kann man sie allgemein auch für viele Anwendungen von Matrizen miteinfließen lassen, zum Beispiel bei der Berechnung.

Da diese Methoden und Anwendungen aber fast alle viel zu kompliziert sind, werde ich nicht näher darauf eingehen. Ich habe aber ein einfaches Beispiel aus der Umwandlung von binären Zahlen in das Dezimalsystem gefunden:

Man möchte 10010110 in die dazugehörige Dezimalzahl umwandeln. Dazu führt man eine einfache Matrizenmultiplikation durch:

Mit dieser Methode kann man die Umrechnung relativ schnell durchführen.

Die Umkehrung ist jedoch nicht so einfach, da man dann mit Rest arbeiten muss.

$$\begin{pmatrix} 128 \\ 64 \\ 32 \\ 16 \\ 8 \\ 4 \\ 2 \\ 1 \end{pmatrix} * (10010110) = 150$$

Zum Beispiel so: $150 : 128 = 1$ Rest 22

$22 : 64 = 0$ Rest 22

$22 : 32 = 0$ Rest 22

$22 : 16 = 1$ Rest 6 ...

Bei dieser Methode der Matrizenmultiplikation schreibt man in einer Spaltenmatrix einfach die Potenzen von 2 von unten nach oben auf, bis man so viele Potenzen hat wie die duale Zahl Ziffern hat. Durch die Matrizenmultiplikation entstehen die gleichen Rechnungen wie wenn man die Umrechnung normal durchführen würde.

4. Historische Entwicklung

1748 hat Colin Maclaurin sich als Erster mit der Lösung von Gleichungssystemen auseinandergesetzt. Er hat auch schon versucht, eine Formel zu finden, die die Lösungen von Gleichungssystemen beliebiger Größe ergibt. 1750, zwei Jahre später, entdeckte Gabriel Cramer die Formel mit den Determinanten, die später nach ihm benannte „Cramer'sche Regel". 1770 beschäftigten sich Pierre-Simon Laplace und Alexandre-Théophile Vandermonde ausführlich mit den Determinanten.

Sie versuchten sie zu definieren, fanden verschiedene Eigenschaften. Jedoch bewies erst Augustin-Louis Cauchy diese Eigenschaften. Er ergänzte die Entdeckungen seiner Vorgänger, beschäftigte sich mit den Unterdeterminanten und veröffentlichte alles in einem Werk.

Von da an beschäftigten sich immer mehr Mathematiker mit den Determinanten.

Außerdem wurden die Determinanten viel öfter genutzt als zuvor und auch viel intensiver erforscht. Eine ähnliche Entwicklung trat später bei den Matrizen auf.[3]

Arthur Cayley entdeckte die Matrizen. Er machte darauf aufmerksam, das man sorgfältig zwischen S*T und T*S unterscheiden müsse. Er führte auch die Bezeichnung 1/S ein. In einer Notiz, die er ca. 1850 schrieb, beschrieb er sogar die Addition, verwendete diese Operation aber nicht und wusste auch keine Bezeichnung dafür. Allerdings bezeichnete er diese Matrizen immer als „lineare Substitutionen". Aber im Grunde genommen beschrieb er nichts anderes als die quadratischen Matrizen. Andere Mathematiker, wie zum Beispiel Charles Hermite veranlassten Cayley, die Addition von Matrizen zu definieren. Diese Definition, außerdem noch die Definition der Multiplikation und andere Erkenntnisse über Matrizen veröffentlicht er 1858 in einer Abhandlung, die auch als „Ursprung der Matrizentheorie" angesehen wird.[4]

---

[3]Dieudonné , Jean (Hrsg.). Seiten 59-61. 1985
[4]Dieudonné , Jean (Hrsg.). Seiten 97-101. 1985

5. Schluss

Mir hat das Forschen und Recherchieren zum Thema sehr viel Spaß bereitet Außerdem habe ich eine neue Methode entdeckt, mit der man lineare Gleichungssysteme viel schneller lösen kann. Allerdings ist diese Methode für höchstens dreigliedrige Gleichungssysteme sinnvoll und ich verrechne mich auch öfter.

Die eigentliche Fragestellung war ja, inwieweit einem die Matrizen und Determinanten helfen beim Lösen von Gleichungssystemen. Auf alle Fälle erweitern sie die Lösungsvarianten der Gleichungssysteme. Das ist zum Beispiel vorteilhaft, wenn einem das Gauß'sche Eliminationsverfahren überhaupt nicht liegt und man andauernd die erlaubten Rechenoperationen vergisst, dann gibt es viele andere Möglichkeiten zur Lösung. Zum Beispiel die Cramer'sche Regel, mittels Matrizeninvertierung und so weiter.

Allerdings wurde meine zu Beginn aufgestellte These bestätigt, dass man sich viel leichter verrechnen kann und dass Matrizen und Determinanten natürlich auch die Lösung um einiges komplizierter machen.

Jedoch muss gesagt werden, dass Matrizen und Determinanten erst bei um einiges größeren und komplexeren Zusammenhängen wirklich nützlich werden, da sie dann die Arbeit um einiges erleichtern.

Die Besuche in der Humboldt-Universitätsbibliothek in Adlershof haben mir viele interessante und ergiebige Bücher eingebracht. Und wenn mal der ein oder andere Begriff auftauchte, der in diesem Werk anscheinend schon vorausgesetzt wurde, den ich aber noch nicht kannte, fand ich dazu immer eine Erklärung im Internet. Außerdem half mir das Internet mit mehreren Bildern, Schematas, Anregungen und etwas seltener auch richtiges leicht zu verwendendes Material, besonders im Teilbereich der Anwendungen.

Für die Zukunft bringt mir persönlich diese Facharbeit einen sehr interressanten Exkurs, der mir später hoffentlich weiterhelfen wird, vielleicht sogar im Berufsleben. Es hat auf jeden Fall eine Menge Spaß gemacht, sich mit diesem Thema zu beschäftigen.

Abschließend kann man sagen, dass Gleichungssysteme, Matrizen und Determinanten sehr interessante, aber auch komplizierte und vor allem sehr umfassende Thematiken sind, und die Matrizen und Determinanten einem schon, wenn auch nicht allzu viel beim Lösen und beim Verständnis von Gleichungssystemen helfen.

Zum Schluss möchte ich noch Aristoteles zitieren: „Je mehr Käse, desto mehr Löcher. Je mehr Löcher, desto weniger Käse. Also: Je mehr Käse, desto weniger Käse. Oder? "

6. Literatur- und Bildquellenverzeichnis

6.1 Literaturverzeichnis

1. Von Waltershausen, Wolfgang Sartorius. Gauss zum Gedächtnis. Seite 12. Leipzig1856.

2. Redaktion Schule und Lernen (Hrsg.).Schülerduden Mathematik II. Ein Lexikon zur Schulmathematik für das 11. bis 13. Schuljahr. Seiten 76/77, 79-82, 255-262, 270-278. Mannheim 2004.

3. Scherfner, Mike/Volland, Torsten. Lineare Algebra für das erste Semester. München 2006.

4. Dieudonné, Jean. Geschichte der Mathematik. 1700-1900. Berlin 1985.

5. Haffner, Ernst Georg. Lineare Algebra für Dummies. Weinheim 2012.

6. Zurmühl, Rudolf / Falk, Sigurd. Matrizen 1. Grundlagen. Berlin 1997.

7. Dietrich, Dipl.-Math. Günther / Stahl, Henry. Matrizen und Determinanten und ihre Anwendung in Technik und Ökonomie. Leipzig 1966.

8. Jung, Dr. Heinrich W. E.. Matrizen und Determinanten. Eine Einführung. Leipzig 1951.

9. Hemme, Prof. Doktor Heinrich. Mathematik: Grundrechenarten, Mengenlehre, Prozentrechnung, Geometrie, Gleichungen, Funktionen, Lineare Algebra, Vektorrechnung, Differentialrechnung, Integralrechnung. Hamburg 2009

10. Felsch, Matthias. Lineare Algebra. In: Das große Tafelwerk interaktiv. Formelsammlung für die Sekundarstufen I und II. Berlin 2011, Seiten 70-76.

6.2 Internet-Quellenverzeichnis

1. Carl Friedrich Gauß. http://de.wikipedia.org/wiki/Carl_Friedrich_Gauß#Eltern.2C_Kindheit_und_Jugend (Stand: 31.08.2013)

2. Egbers, Franziska. homogenes lineares Gleichungssystem http://www.youtube.com/watch?v=Bm73sqcAXPM (Stand: 1.10.2013)

3. Leydold, Josef. Eigenschaften der Determinante. http://statistik.wu-wien.ac.at/~leyd old/MOK/HTML/node45.html#SECTION03420 000000000000000 (Stand: 2.10.2013)

4. http://www.k-achilles.de/matrizen/anwendungen_matrizenrechnung.pdf (Stand: 2.10.13)

5. Aphorismen. http://www.aphorismen.de/zitat/12082 (Stand: 22.10.13)

6.3 Bildquellen

1.   http://upload.wikimedia.org/math/d/d/3/dd3d19b8e36b4bd7d2b967a4779d7806.png
(Stand: 1.10.2013)

2. http://www.chemgapedia.de/vsengine/media/vsc/de/ma/1/mc/ma_11/ma_11_01/images/
   mi_11_01_01.gif   (Stand: 1.10.2013)

3. http://umfang-kreis.de/wp-content/uploads/2017/06/Determinanten-und-lineare-
   Gleichungen.jpg
   (Stand: 25.10.2017)

BEI GRIN MACHT SICH IHR WISSEN BEZAHLT

- Wir veröffentlichen Ihre Hausarbeit,
  Bachelor- und Masterarbeit

- Ihr eigenes eBook und Buch -
  weltweit in allen wichtigen Shops

- Verdienen Sie an jedem Verkauf

Jetzt bei www.GRIN.com hochladen
und kostenlos publizieren